Heimische

Großlibellen

im Vergleich

QUELLE & MEYER
BESTIMMUNGSKARTEN

Falkenlibellen

Falkenlibelle
Cordulia aenea

Gefleckte Smaragdlibelle
Somatochlora flavomaculata

Glänzende Smaragdlibelle
Somatochlora metallica

Segellibellen

Plattbauch
Libellula depressa

Spitzenfleck
Libellula fulva

Vierfleck
Libellula quadrimaculata

Flussjungfern

Westliche Keiljungfer
Gomphus pulchellus

Gemeine Keiljungfer
Gomphus vulgatissimus

Kleine Zangenlibelle
Onychogomphus forcipatus

Mosaikjungfern, Königslibellen, Quelljungfern

Keilfleck-Mosaikjungfer
Isoaeschna isoceles

Große Königslibelle
Anax imperator

Zweigestreifte Quelljungfer
Cordulegaster boltonii

Blaupfeile

Kleiner Blaupfeil
Orthetrum coerulescens

Südlicher Blaupfeil
Orthetrum brunneum

Großer Blaupfeil
Orthetrum cancellatum

Mosaikjungfern

Torf-Mosaikjungfer
Aeshna juncea

Herbst-Mosaikjungfer
Aeshna mixta

Braune Mosaikjungfer
Aeshna grandis

Heidelibellen

Blutrote Heidelibelle
Sympetrum sanguineum

Große Heidelibelle
Sympetrum striolatum

Gemeine Heidelibelle
Sympetrum vulgatum

Mosaikjungfern

Südliche Mosaikjungfer
Aeshna affinis

Alpen-Mosaikjungfer
Aeshna caerulea

Blaugrüne Mosaikjungfer
Aeshna cyanea

Heidelibellen

Schwarze Heidelibelle
Sympetrum danae

Gebänderte Heidelibelle
Sympetrum pedemontanum

Frühe Heidelibelle
Sympetrum fonscolombii

Feuerlibelle, Moosjungfern

Feuerlibelle
Crocothemis erythraea

Kleine Moosjungfer
Leucorrhinia dubia

Große Moosjungfer
Leucorrhinia pectoralis

Große Königslibelle *Anax imperator*

Coverfotos
Zweigestreifte Quelljungfer *Cordulegaster boltonii* (Mitte links), Südliche Mosaikjungfer *Aeshna affinis* (Mitte rechts), Sumpf-Heidelibelle *Sympetrum depressiusculum* (unten links)

Bildnachweis
Alle Bilder stammen von Hansruedi Wildermuth.

Projektberatung und Zusammenstellung
Hansruedi Wildermuth

Weiterführende Literatur
Die Libellen Europas – Alle Arten von den Azoren bis zum Ural im Porträt (ISBN 978-3-494-1690-0)

Industriepark 3, 56291 Wiebelsheim.
ISBN 978-3-494-01996-3
Best.-Nr.: 4941996
www.quelle-meyer.de | kontakt@quelle-meyer.de

9 783494 019963

QUELLE & MEYER
BESTIMMUNGSKARTEN